U0108614

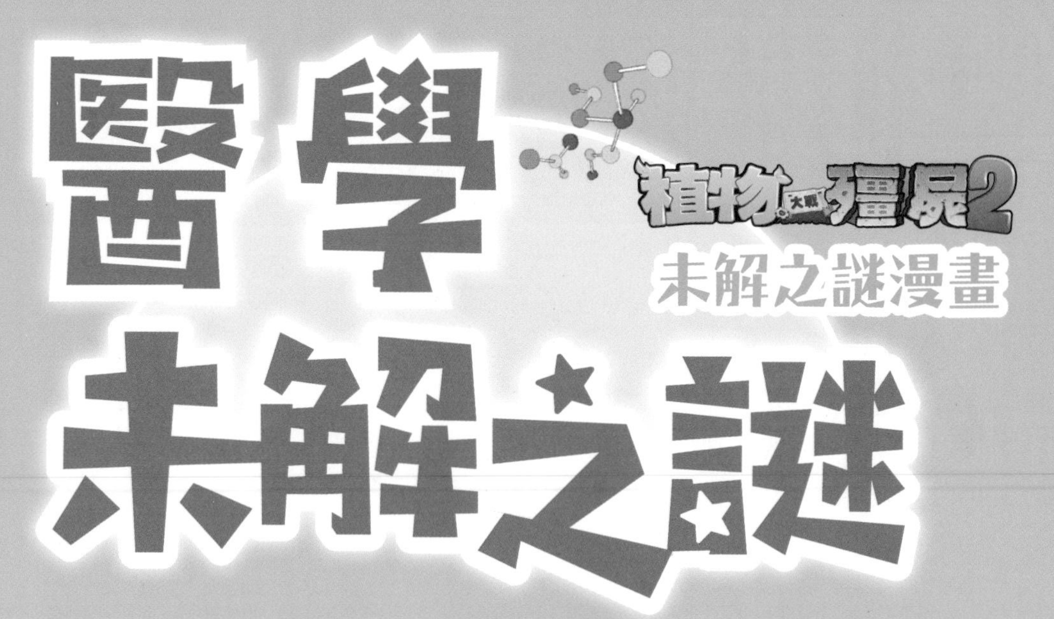


# 醫學未解之謎

笑江南 編繪

中 華 教 育

# 主要人物介紹

海盜船長殭屍

海盜殭屍

路障殭屍

普通殭屍

海盜小鬼殭屍

鐵桶殭屍

# 導讀

小朋友們，你們長大了想做甚麼呀？是救人於水火的消防員？是優雅美麗的舞蹈家，還是奔跑如飛的運動員？……我相信你們中的很多人還有另一個答案，那就是成為一名救死扶傷的醫生。你們也許已經了解過醫生的工作，那你們知道怎麼樣才能成為一名出色的醫生嗎？想成為一名出色的醫生，需要經過長期的學習和持久的訓練。

為此，我想向你們推薦這本漫畫，它通過生動有趣的漫畫故事，講解了許多目前在醫學上還沒有確切答案的難題，譬如人為甚麼會衰老？人類為甚麼需要睡眠？我們為甚麼會做夢？人類的壽命會無限延長嗎？我們能控制人體免疫系統嗎？人體內有多少種蛋白質？……這些深奧的未解之謎其實離我們的生活並不遙遠，它們和我們的生命息息相關，甚至關係到我們的未來。我希望這本書能成為一個窗口，透過它，你們能看到一個廣闊的、充滿魅力的醫學世界。

通過這本書，你或許能感覺到我們對人體並不是無所不知的，對於很多疾病我們仍束手無策，但這並不意味着人類渺小，我們面對的世界本身就是未知的，要想了解這個世界，只能不斷去探索、去征服，就像我們的前輩那樣。愛德華·詹納，1796 年發現接種牛痘可以預防天花，成為天花的終結者；弗雷德里克·格蘭特·班廷和約翰·麥克勞德，1921 年發明了胰島素，使糖尿病不再是絕症；屠呦呦，創製新型抗瘧藥青蒿素，挽救了數百萬人的生命，成為首獲科學類諾貝爾獎的中國人……正是這些孜孜不倦的探索者們創下了世間最珍貴的財富 —— 生的希望 —— 他們解決了疾病給人類帶來的困擾，甚至挽救了我們的生命。

我祝願你們早日成為他們中的一員。

北京中醫藥大學東直門醫院副主任醫師、醫學博士　李玲玲

# CONTENTS 目錄

CONTENTS

# 目錄

# CONTENTS 目錄

人為甚麼
會衰老？

好冷啊！
是呀，我們還是回屋吧。

海盜船長殭屍，您怎麼躺在牀上？
是不是身體不舒服呀？
沒有不舒服，就是人老了，不中用了……

您為甚麼會
變老呢？

衰老是一種自然規律，
我們的器官就像機器的
零件，用久了也會出現磨
損，甚至喪失功能。

不過，衰老的具
體機制現在還是
個謎。

有人認為是我們細胞中的 DNA
被紫外線破壞了造成的，還有
人認為是我們體內能清除有害
物質的蛋白酶 SOD 被破壞了造
成的。
原來是這
樣啊！

想當年，我也
是跑得快、看
得遠……
那現在不
行了嗎？

現在腿腳都不靈活了，不要說跑步，就連走路都費勁。
船長，您別難過了。
真擔心有一天，我躺在牀上不能動，那可怎麼辦哪？
放心吧，我們一定會照顧您的。
是呀。

真的嗎？那你先幫我把那邊的髒衣服洗掉吧。
沒問題！

海盜殭屍，你幫我打掃一下屋子吧，我的腿走路不方便。
好的！

衰老究竟是甚麼引起的，至今是個謎。有學者認為衰老是由物理因素（如輻射）、生物因素和化學因素誘發基因和染色體突變引起的，這些突變導致了細胞功能降低或死亡。也有學者認為是人體免疫功能下降導致人體衰老的。還有學者認為，人的精神狀態、飲食因素、新陳代謝等也會影響人的衰老過程。

人格有多少
是遺傳的？

大家知道人格有多少是遺傳的嗎？

菜問，你甚麼時候開始關心起這些了？

其實是遙控器壞掉了，換不了台而已。

難怪！我猜你
連人格是甚麼
都不知道。
誰說的！人格不就
是指我們每個人獨
特的性格、氣質和
思維方式嗎？

沒想到你還真知道
呀，真是三日不見
當刮目相看哪！
唉，這都是這幾天
換不了台，只能看
科普頻道的結果！

不過，經過這幾天，我
已經變成「問不倒」了。
現在甚麼問題都難不
倒我。
好，那你就回
答下剛才那個
問題吧！
這個嘛……
東張
西望

我知道了！行為遺傳學
家通過研究發現，父母
的大五人格會有31%至
41%遺傳給孩子。

菜問，原來你才是深藏不露呀！

人格是指一個人的性格、氣質、行為風格等特徵的集合，每個人的人格都是獨一無二的。許多人格心理學家都在致力於回答「人格有多少是遺傳的」這一問題，但目前為止，還沒有達成共識。有學者認為，人格是一個非常複雜的問題，也許確實受基因遺傳的影響，但是遺傳並不是最重要的。有很多因素影響到一個人的發展，譬如環境、教育等。

我們能控制人體
免疫系統嗎？

咳咳咳！

菜問，你
怎麼了？
我好像發
燒了。

讓我摸
摸看。

我燒得很嚴
重嗎？
糟糕！

不是……

……
是我忘記
洗手了。

根據我的經驗，你
可能是發燒了，快
去醫院吧！
好的！

醫院

你得了重感冒。
醫生，為甚麼我最近總是感冒啊？

這可能與你的免疫力下降有關。
啊？

我們體內有一道「防火牆」——免疫系統，它能識別和清除外來入侵的病菌，處理體內遭到病毒感染的細胞等。如果我們的免疫力下降，就容易感染疾病。

免疫系統的功能這麼強大，要是我們能控制它就好了！
近百年來，醫學研究者們一直在做這方面的努力和嘗試，但目前還沒有成功。

不過，我想隨着醫學研究的進步，控制人體免疫系統只是時間問題。

現在你要多吃新鮮的
水果，多運動，提高
免疫力……
知道啦！

還有一點你要格外
注意，一定要多喝
水，這樣可以幫助
你儘快康復。

出門的時候，
最好隨身帶一
些水。
放心吧！我
明白了！

第二天

我要去上補
習班啦！
記得多帶
一些水。

我已經準
備好了。

可是你的杯子還
在桌上呢。

免疫系統可以隨時發現和清除體內出現的「異己分子」，保護我們的健康。但有時它也會清除一些對人體有益的東西，例如移植的器官，一旦免疫系統對它產生排斥反應，病人會遭受更大的痛苦。因此，醫學研究者們期望可以選擇性地阻斷某些免疫反應，讓人體儘可能免受損害。

人為甚麼
會流淚？

嗚

嗚嗚嗚……

堅果哭得好可憐哪，也不知道是怎麼了。

不問也知道，一定是沒考好，擔心回家挨罵。

看他哭得那麼傷心，真的好難過。
我們要不要去勸勸他？

不用了，讓他大聲地哭出來吧。
為甚麼呀？

流淚可以緩解我們悲傷的情緒，還能排出體內很多有害物質呢。

眼淚可以帶走體內的有害物質？
是呀，不過目前我們還不知道具體是哪些有害物質。

其實，我一直不明白，為甚麼我們一傷心就會流淚？
有科學家認為，人的眼淚中含有溶菌酶，能保護人類的鼻咽黏膜不被細菌感染，流淚是人類「適者生存」的結果。

不過，也有人認為，流淚只是某種進化的「遺跡」，沒有任何用處。

嗯，那我明白了！

半小時後
堅果今天是怎麼了？一直哭個不停。
他過去可從沒把學習成績當回事呀。

我們還是過去看看吧。
好吧！

人類為甚麼會流淚，至今是個謎。有人認為人類的遠祖曾生活在海洋，流淚是他們適應海洋環境的方式。後來他們離開了海洋，但這一功能卻遺留了下來，不過這一說法爭議很大。也有人認為眼淚能夠帶走人體內的有害物質，但這說法也缺乏證據。還有人認為，眼淚是人類釋放出來的一種信號，意在向周圍的人表達悲傷之情，尋求幫助。

為甚麼會出現
返祖現象？

明天大家不用
來學校了！
終於可以
放假啦！
萬歲！

我們改去自然博物館
實地參觀學習，這樣
印象更深刻。
……

第二天
自然博物館

這就是今天要帶大家學習的內容。

哈哈！這個人長得好奇怪呀！
有甚麼奇怪的？

你看，他居然渾身長滿了毛！

這是返祖現象造成的。

返祖現象是指生物體偶然出現了祖先的某些性狀，而且這些性狀已經消失了很久。

是不是就像剛才那個人那樣？
沒錯！

返祖現象不僅出現在人類身上，其他動物身上也會出現。

日本曾發現一頭長有四個鰭的海豚，有科學家認為多出來的兩個鰭可能是海豚遠祖的「遺物」。海豚的遠祖是生活在 5000 萬年前的一種陸生四足動物。

植物身上也會出現返祖現象嗎？
是的。野生的薔薇、芍藥都是單層花瓣，但是偶爾也會出現重瓣的，這就是返祖現象。

是甚麼原因導致返祖現象的呢？
這個還在研究當中，目前不清楚。

菜問——

我講了這麼多重要的知識，你為甚麼不記下來？
我……

俗話說，好記性
不如爛筆頭，重
要的事情不能只
靠腦子記。

重要的事情一
定要記在筆記
本上嗎？
當然啦！

我明白了！我
馬上就寫。

沙
沙
淘氣包突然變得
這麼聽話了，看
來我的教育方法
很有效啊！

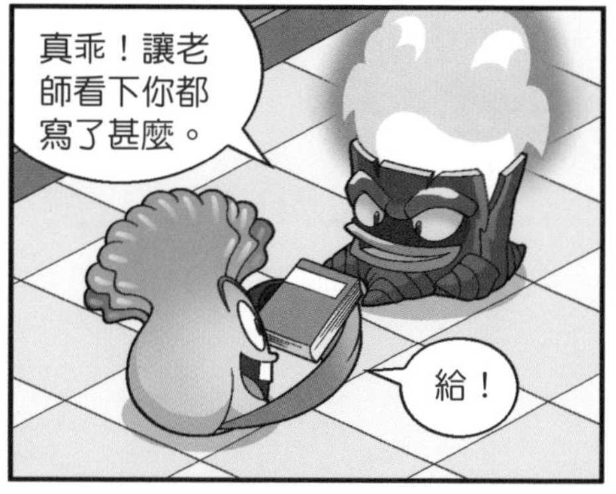

人類的返祖現象是指現代人類出現了遠古人類才具有的性狀，比如耳朵會動、渾身長滿毛髮、長有尾巴等。為甚麼會出現返祖現象，至今是個謎。有人認為，現代人類在演化的過程中，並沒有將其遠祖的基因清除，只是加了種種限制來阻礙它們表達，當這種限制「失靈」時，人類就有可能會出現返祖現象。不過返祖現象非常罕見。

人類為甚麼
需要睡眠？

呼呼呼～

海盜小鬼殭屍，快起牀！

都幾點了，還不起來幹活，就知道偷懶！

對不起，我實在太睏了……
船長，您太過分了！

海盜小鬼殭屍還是一個孩子，這麼晚了您不讓他睡覺，還叫他起來幹活，太不人道了！
我……
請您讓我把話講完，您知道睡眠有多重要嗎？

如果長期睡眠不足會引發一系列的問題。
甚麼問題？

比如，反應遲鈍，免疫力下降，出現幻覺……

怪不得我最近總是反應很慢呢，原來根源在這裏呀！
別胡說，這和我可沒關係。

而且，誰說人非要在晚上睡覺，白天睡覺不也一樣嗎？
不一樣，「日出而作，日入而息」是人類在長期進化過程中形成的習性。

這種習性是怎麼形成的？
有學者稱，在很久以前，沒有電，也沒有娛樂活動，人類的祖先在一片漆黑的夜裏甚麼也看不清楚，只能睡覺了。後來就逐漸形成了這個習性。

而且科學家認為睡眠可能有助於人類修復組織、增強免疫力、保持能量、鞏固記憶，等等，不過具體是怎麼影響的，現在還沒有完全弄清楚。

人的一生大約有三分之一的時間都處於睡眠狀態，然而人為甚麼要睡眠，至今還是未解之謎。有學者認為，在遠古時期，人類的祖先在夜晚無法進行活動，就利用睡眠來保存體力。不過也有學者認為，在夜晚睡覺，會增加被夜行動物攻擊的概率，這並不明智。還有人認為，睡眠對於人類儲存記憶至關重要，但這一說法也缺少有力的證據。

# 「生物鐘」到底是怎麼回事？

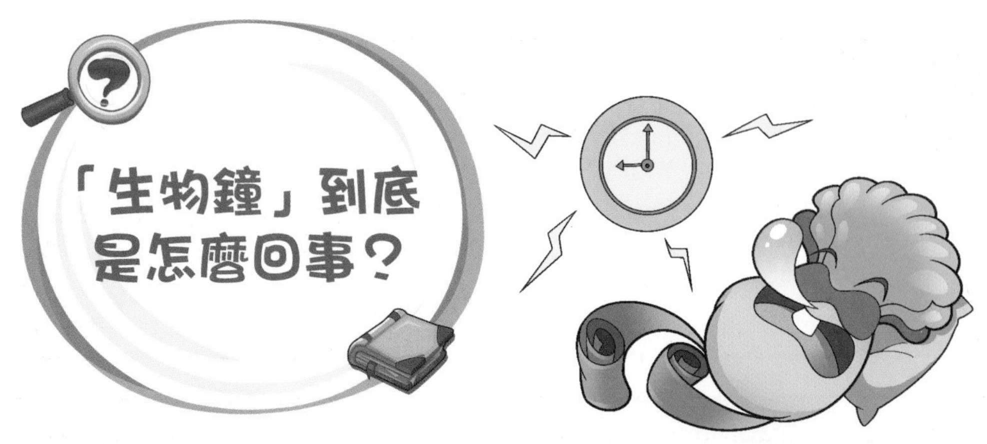

2小時後

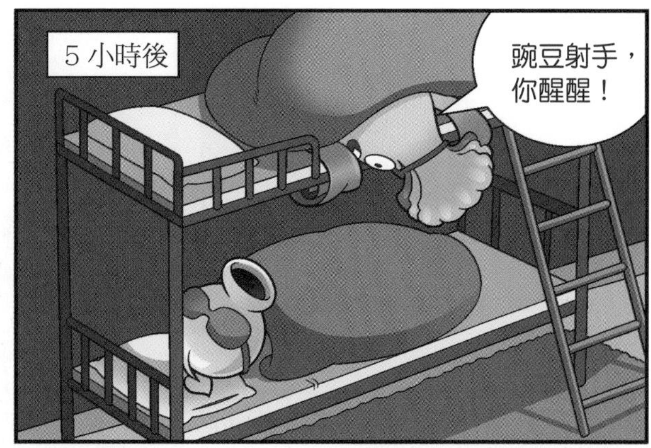
5小時後
豌豆射手，
你醒醒！

怎麼啦？

我是想提醒
你，你的睡
姿不對。
……

現在都已經凌晨
3點了，你怎麼
還不睡覺啊？
我睡不着。

我體內的「生物鐘」，現在指示的是美國時間……
拜託，我想睡覺！

我們體內有一個看不見的「生物鐘」，若它與外部環境不匹配，我們就會感到不舒服……
煩人，大晚上的滔滔不絕……

看來不幫你把時差倒過來，我今晚就休想睡個好覺了！
你知道嗎，「生物鐘」與地球的公轉和自轉有關，它受光照、亮度、温度等因素的「遙控」。

光照？亮度？那我把窗簾拉上。
沒用的，你沒發現我一晚上都戴着眼罩嗎？

我想到好辦法了！

這樣應該就能把時差倒過來了吧。
呼呼呼
這樣都能睡着啊！
Z Z
地球上的生物為了適應地球的自轉和公轉，形成了週期為 24 小時的「生物鐘」，最典型的例子就是動物的晝夜活動規律。不過，「生物鐘」是如何根據一天中的不同時段調節我們的行為、睡眠和新陳代謝的，一直是科學家探索的難題。2017 年諾貝爾生理學或醫學獎就授予了三位研究「生物鐘」的美國科學家。

我們為甚麼
會做夢？

啊，快來
救我！

可憐的海盜小鬼殭屍，
這麼小就要承受這麼
大的心理壓力，連睡
覺都不放鬆。
哇——

可能他又做
噩夢了吧！
不知道是
夢見哪個
壞人了？

那我們叫
醒他，問
一問吧。
好的。

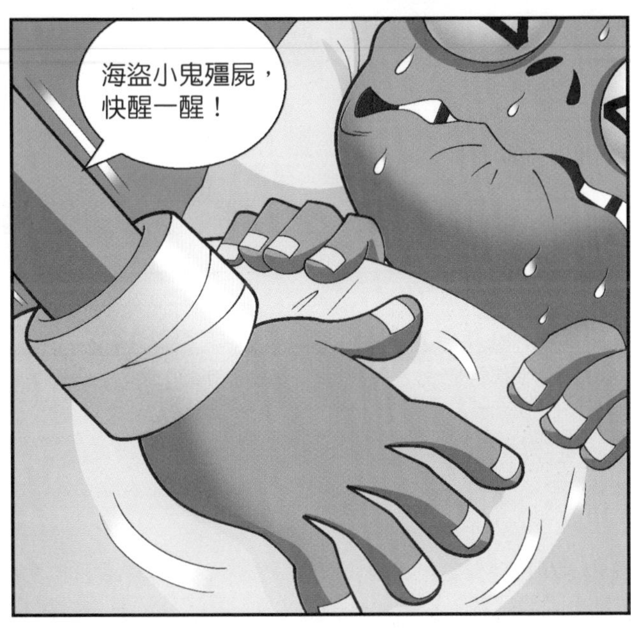
海盜小鬼殭屍，
快醒一醒！

你們在幹
甚麼？
你剛才做噩夢
了，我們想叫
醒你……

哦，剛才的夢
可真是嚇死我
了……

我再也不想做夢了。
別說傻話了，幾乎每一個人都會做夢。

早在公元前3000年，就有關於夢的記載。不過那時科學水平比較落後，栩栩如生的夢通常被當作一種神祕的現象。

那我們為甚麼會做夢呢？
這個問題至今沒有定論。有人認為出現在我們夢中的圖像和心理活動是大腦的「噪音」，沒有特別的意義。

還有人認為，夢反映了我們各種被壓抑的想法和願望。

反映了我們頭腦中各種被壓抑的想法和願望……

對啦，海盜小鬼殭屍，你究竟做的甚麼夢啊？
這個夢我已經重複做了好幾年了，每一次都把我嚇個半死……

你的這種情況被稱為「重複夢境」，科學家發現有些人會重複做同一個夢，
而且這些夢通常和逃跑、追逐、事故、襲擊有關。
你知道為甚麼會出現這種情況嗎？
這個夢真的太可怕了……
一些人認為我們在「重複夢境」中遇到的危機，是我們對清醒時遇到的危機的模擬。這樣的夢能幫助我們練習危機發生時該如何應對。

孩子，別害怕！講出來，或許我能幫你分析分析。
我夢到自己去練習射箭了。

練習射箭有甚麼可怕的？

不光這樣，我還成功地射中了一隻鳥。
不錯嘛！

這是好事呀，在夢裏都這麼勤奮，說明你很有上進心。
是呀，那你為甚麼還會害怕呢？

關於人為甚麼會做夢，有許多假說。有學者認為做夢是大腦特定區域休息的一種方式，它還能修復我們的體溫調節系統；還有學者認為夢反映了記憶在睡眠中被加工和鞏固的過程，做夢對人的注意力、情緒調節、解決問題等有一定的作用。不過，目前的理論都存在着或多或少的缺陷，我們離真相還有一定的距離。

我們的記憶
「儲存」在哪裏？

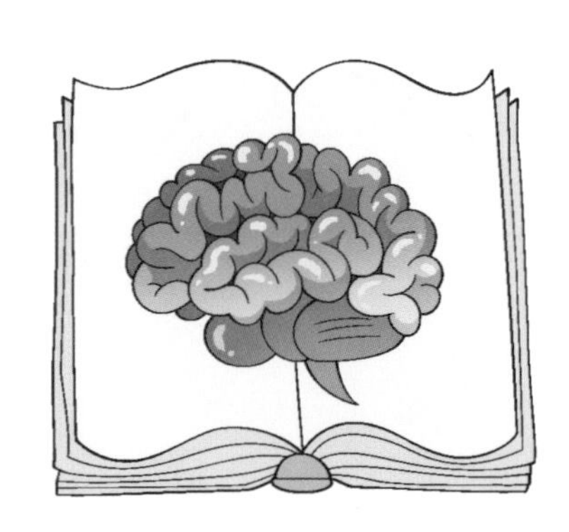

的士

變身茄子，你今天怎麼唉聲歎氣的？
唉！

別提了！剛才我忘記收乘客的車費了，又白跑一單。

你的記憶力怎麼這麼差呀？
誰知道呢，我最近總是記不住事情。

也不知道我這記憶都存到哪裏去了？
的士
當然是存到大腦的海馬體裏了。

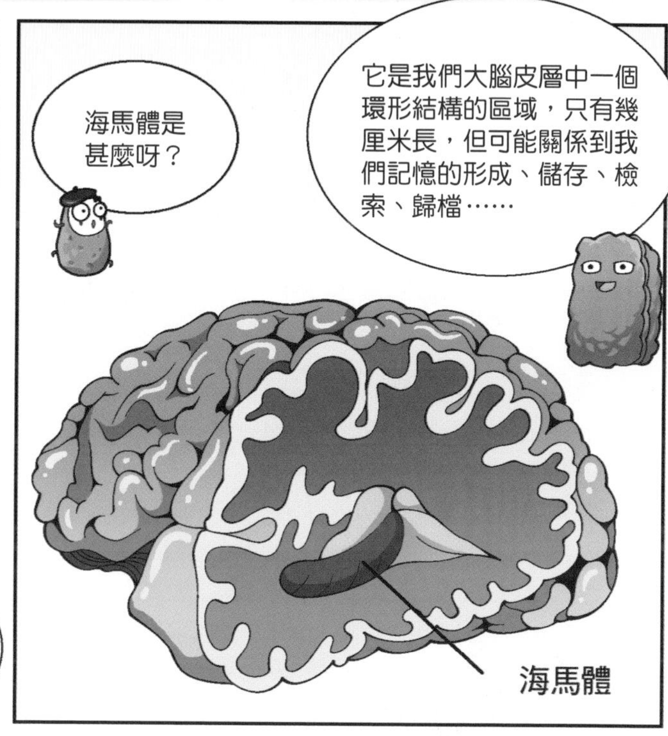
海馬體是甚麼呀？
它是我們大腦皮層中一個環形結構的區域，只有幾厘米長，但可能關係到我們記憶的形成、儲存、檢索、歸檔……
海馬體

許多科學家認為，我們生活中發生的事情，會先被轉化成記憶臨時儲存到大腦的海馬體中，再由海馬體轉移到其外層的大腦皮層中，儲存為長期記憶。

的士
轉移過程是隨時隨地發生的嗎？
不是，轉移過程一般發生在我們熟睡時。

不過，最近有科學家認為，真正操控記憶儲存和轉移的是大腦新皮層。
這個問題真深奧！

人類對記憶的研究已經有一個多世紀了，無可爭議的是，海馬體是記憶形成的重要腦結構。

你懂得可真多呀！
謝謝！

人們普遍認為，記憶的形成、儲存和檢索與海馬體和包裹在它外層的大腦皮層有關，但它們是如何進行工作的，各自的具體功能是甚麼，還有待深入的研究。有科學家認為，如果把包裹在海馬體外層的大腦皮層比喻成一座圖書館，那麼海馬體就相當於其中的圖書管理員，它會對各種信息進行歸檔，以便日後檢索。

# 人類的器官可以再生嗎？

向日葵，變身茄子開了一家「另類寵物店」，你想去看一看嗎？
「另類寵物店」？

聽說他的店裏賣許多稀奇古怪的寵物。

好啊！
聽起來還挺有趣的，我們去看看吧！

另類
寵物店

歡迎光臨！

是呀，真是大開眼界！
這裏面的寵物真有趣！

好疼！

我不是故意的。小蚯蚓不會死吧？
別擔心，過幾天牠就會長出新的身體的。

這怎麼可能？牠都被我拉成兩截了。
蚯蚓具有超強的再生能力，除了牠，壁虎、蠑螈和蜥蜴也具有這種能力。

你看這條蜥蜴的尾巴，就是剛剛長出來的。
這也太神奇了！

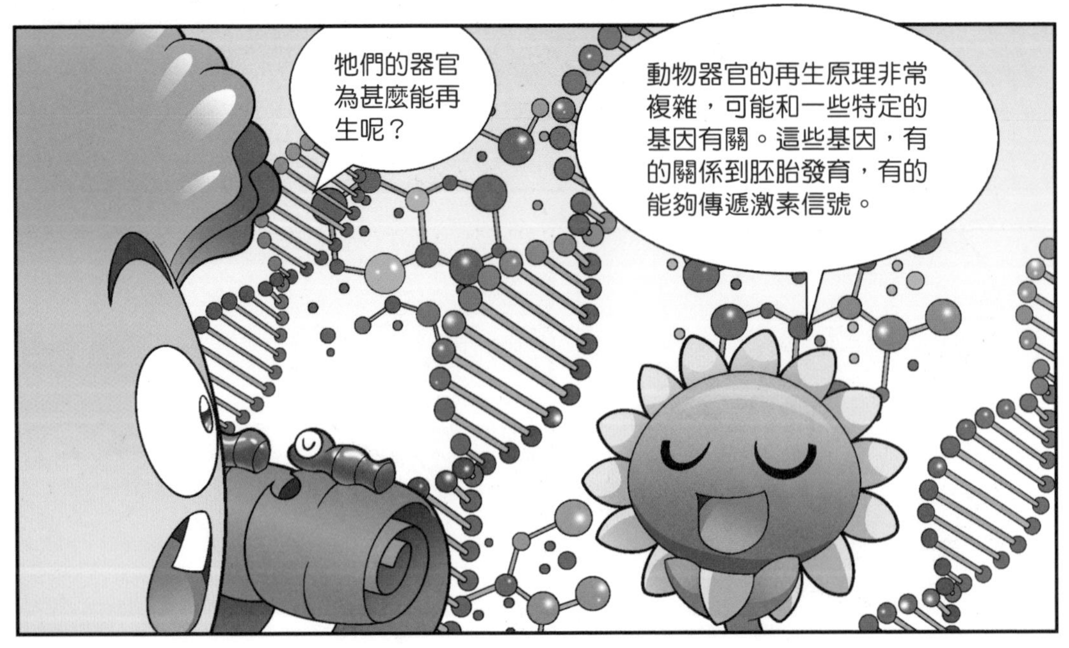
牠們的器官為甚麼能再生呢？
動物器官的再生原理非常複雜，可能和一些特定的基因有關。這些基因，有的關係到胚胎發育，有的能夠傳遞激素信號。

那人類為甚麼
沒有這麼強的
再生能力呢？
一般來說，具有再生
能力的動物，都屬於
較低級的動物。
進化得愈高級，再
生能力就愈弱，所
以人類的再生能力
極弱。

如果人類斷掉
手和腳，是不
會再長出新的
手和腳的。

但是如果人類的肝臟
被部分切除，有可能
恢復到原來的狀態。
要是人類的器官壞了
或者老化了，可以自
動更新就好了。

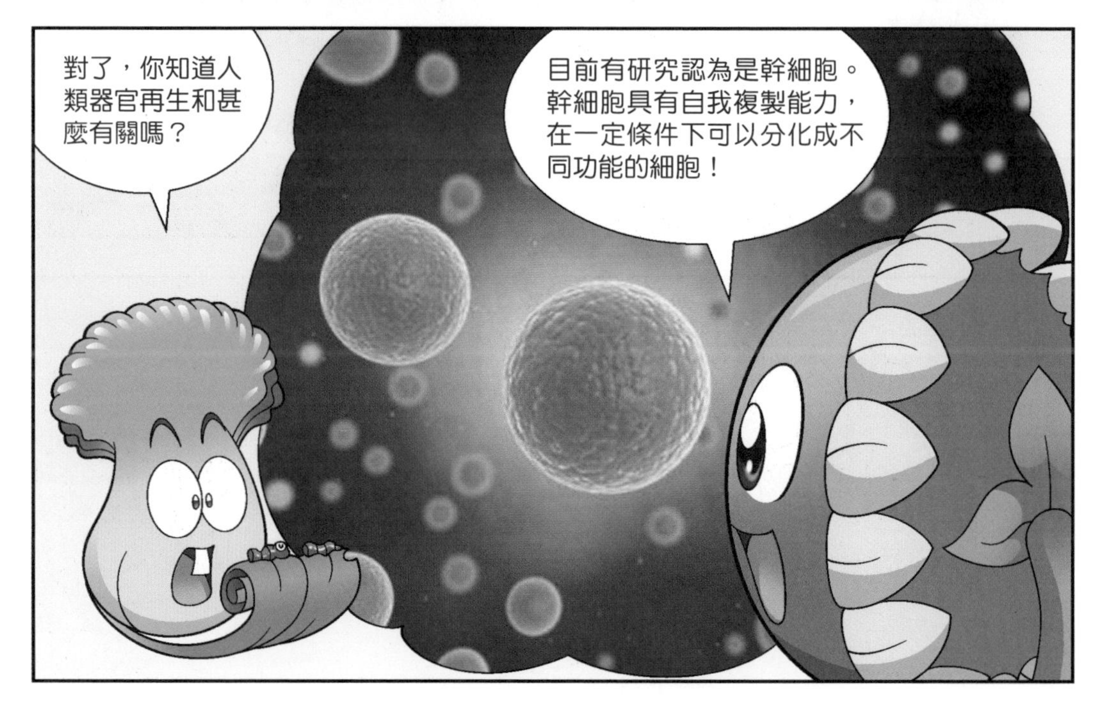
對了，你知道人
類器官再生和甚
麼有關嗎？
目前有研究認為是幹細胞。
幹細胞具有自我複製能力，
在一定條件下可以分化成不
同功能的細胞！

你看，小蚯
蚓動了！
太好了，牠
沒有死。

我把這條蚯蚓
買了吧，回家
以後我要好好
照顧牠。
好的，我們
去結賬吧。
飼料

生物界一些低等動物具有令人羨慕的再生能力，但是比較高等的生物卻漸漸喪失了這種獨特的能力。人類只保留了皮膚、血液、肝臟等器官的再生能力，並且這種再生能力都是有限和不完全的。目前，科學家研究發現，誘導性多能幹細胞可以使細胞回到自己的幼年時期，這為研究器官的再生提供了非常有用的材料和工具。

# 人體內有多少種蛋白質？

咔

菜問，你在幹甚麼呢？
我在整理資料呢。

你該不會是在研究菜譜吧？
哼！

快看！

你研究這個幹甚麼呀？
變身茄子新開了一個網店，專賣各種學習資料。

要是我能把這些資料賣出去，就發財了。
你都寫了些甚麼呀？

我在寫生物卷，今天寫到了蛋白質這一章……

蛋白質是甚麼呀？
蛋白質是一切生命的物質基礎，是人體細胞、組織的重要成分。
人類的頭髮、皮膚、肌肉、骨骼都是由蛋白質組成的。

是呀，蛋白質還有其他功能。有的蛋白質具有免疫功能，能幫助人類抵抗病毒，如抗體；有的蛋白質具有調節激素的作用，如胰島素。
蛋白質對人體這麼重要啊！

怪不得經常聽老師說要多吃富含蛋白質的食物呢！
尤其是像我這樣的腦力工作者，這已經是我今天吃的第五個雞蛋了。

那你知道人體中有多少種蛋白質嗎？
很多科學家都對這個問題感興趣，不過這個問題還是未解之謎。
一些生物學家認為，人體中大概有 5 萬多種蛋白質，或者更多。
也許只有這樣，才能夠滿足人體複雜的需求吧！

對對，我要把這一點寫進我的資料裏，「人體中含有 5 萬種蛋白質……」
等一等，你剛才不是說「大概」含有嗎？

你不知道，我的數據愈顯得肯定和精確，買的人才會愈多！
你這種行為是違背科學精神的！

就你這水平，估計也寫不出甚麼有價值的東西來。

怎麼會？不信你們看！
生物卷
地理卷
¥30
¥30

變身茄子的網站上掛着我的很多資料，別人的都下架了，只有我的……

蛋白質是組成人體一切細胞和組織的重要成分，約佔人體重量的 16% 至 20%，對維持生命活動起着至關重要的作用。蛋白質主要由 20 多種氨基酸組成，因氨基酸的組合排列不同而組成各種類型的蛋白質，但迄今為止，科學家們對人體內蛋白質的種類和數量還沒有達成共識，通常認為人體內大概有 5 萬種蛋白質。

人類有多少個
基因？

# 人類有多少個基因？

我們來一場比賽好不好？

我最近用腦過度，不想再思考任何問題啦！
我也不想！我不需要通過比賽來證明自己是最聰明的！

贏了的人，我請他吃正宗的美式大餐！

其實，偶爾參加一下比賽也挺好的。
……

昨天的課上，大家已經知道了基因是攜帶遺傳信息的物質，我們之所以長得像我們的父母，都是基因所為。
那麼你們知道人類有多少個基因嗎？

老師，我知道！
好，你來說。

有研究表明，人類蛋白質編碼基因的數量在 2 萬到 2.5 萬之間。
不過，也有科學家認為，人類蛋白質編碼基因的數量應為 1.9 萬個。

其實並不算多，水稻的基因數量是人類基因數量的 2 倍多，而洋葱的基因數量是人類的 5 倍。
人類的基因有這麼多！

那我身上的基因肯定更多，怪不得我總覺得自己智商超羣、才華橫溢、玉樹臨風……

基因數量多並不意味着更高等。生物體內攜帶的大部分基因可能是無用的，屬於「垃圾基因」。

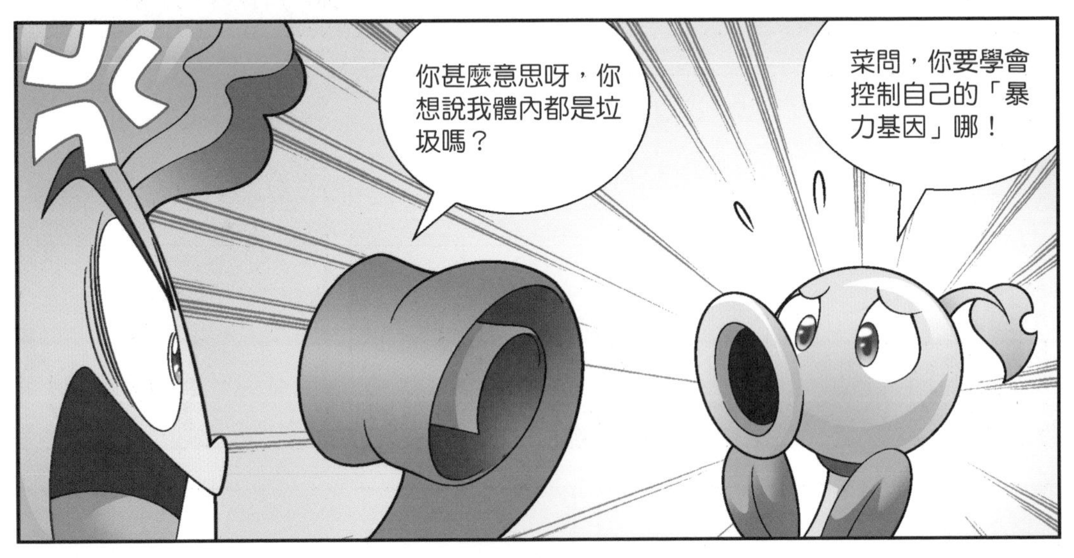
你甚麼意思呀，你想說我體內都是垃圾嗎？
菜問，你要學會控制自己的「暴力基因」哪！

老師，您覺得我們誰說得好？
當然是我啦！

我覺得你們說得都很好，一起去吧！

在我們的印象中，一般愈高級的生物會擁有更多的基因，以此來維持更複雜的生命活動，但事實並非如此。21 世紀初，「人類基因組計劃」發表文章稱，我們每個人大約有 2.5 萬個基因，並且隨着進一步研究，這個數字還在不斷縮小。人類的基因到底有多少，為甚麼會比生物界中那些看起來更簡單的生物少，一切還在探索之中。

# 冷凍的人體還能復活嗎？

菜問，你究竟要帶我去哪裏呀？

今天有一家體驗館開業，試業期間全部半價。
便宜沒好事，我們還是別去了。

聽說是一家很有個性的體驗館，一定很好玩！

冷凍人體體驗館
開業五折

好冷啊！
這裏是冷凍人體體驗館，不冷怎麼能凍得住呀！
1

你好！你們是來體驗人體冷凍的嗎？
是的！
不是！

看來你們倆還需要再商量商量……

老闆，你是怎麼想到開一家這樣的體驗館的，真是太與眾不同了。

我是受到了美國人詹姆斯·貝德福德的啟發，他是世界上第一個用人體冷凍技術保存遺體的人。

人體冷凍技術到底是甚麼呢？
6
7
就是將人的遺體快速冷凍起來保存。

等到未來的醫學可以治癒當下無法治癒的疾病時，再進行解凍。

這個技術成熟嗎？還有其他人試用過嗎？
現在已經有百餘人的遺體被冷凍了起來……
可惜的是，還沒有一例被成功解凍，未來的醫學是否可以將這些人復活，我們誰也不知道。

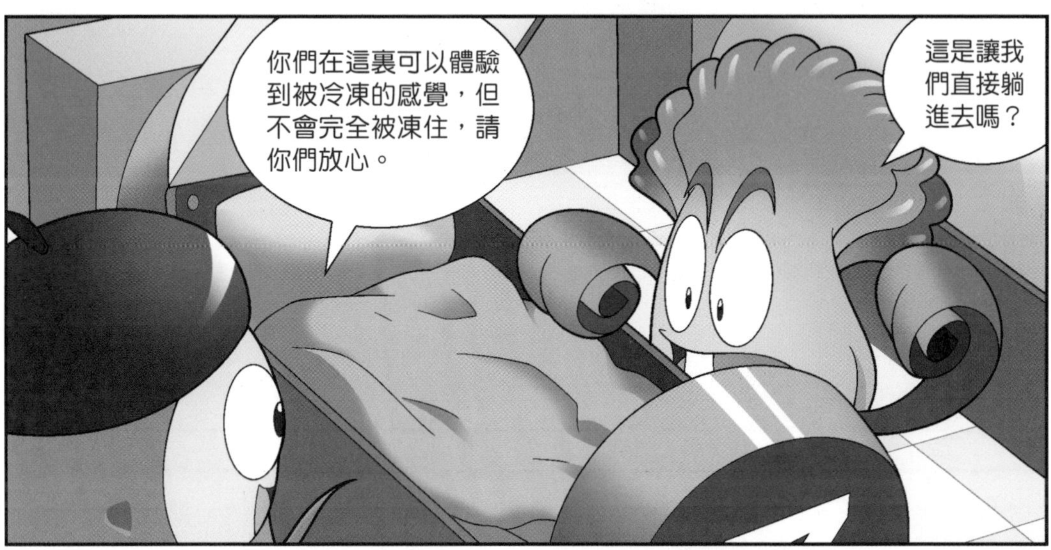
這是讓我們直接躺進去嗎？
你們在這裏可以體驗到被冷凍的感覺，但不會完全被凍住，請你們放心。

我可不進去，太冷了。
對呀！

我一定要體
驗一下。
7
8

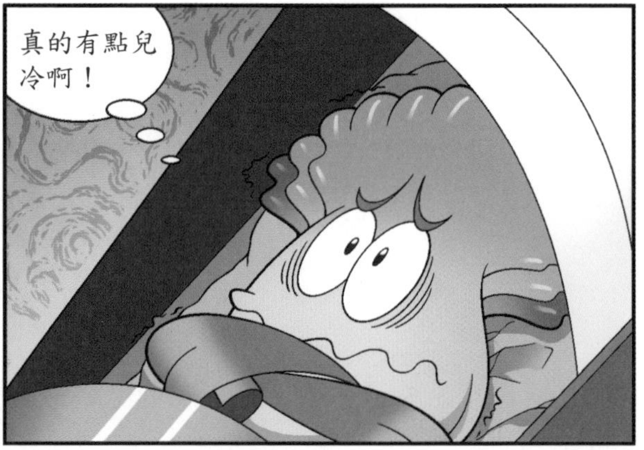
真的有點兒
冷啊！

啊嚏！

你一定是着涼
了，我再幫你
拿被子吧！

人體冷凍技術是將人的遺體急速凍在 -196℃的液氮中，等未來醫學可以治癒如今無法治癒的疾病時，再將其進行解凍和復活。目前世界上已有百餘人的遺體進行了冷凍處理。人體冷凍技術不僅面臨低温、凍結、解凍等複雜的科技問題，還涉及解凍後一系列的倫理問題。

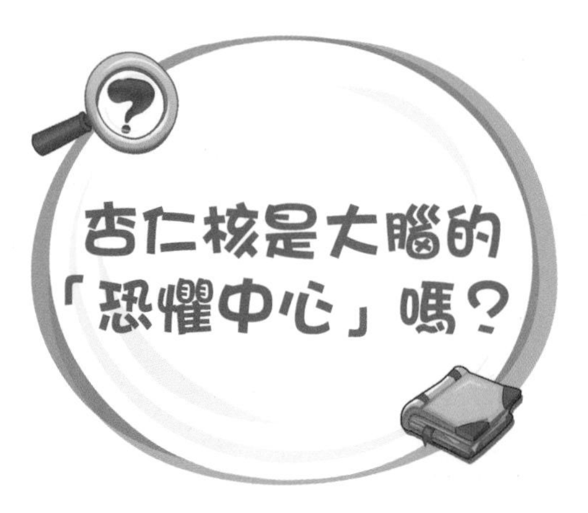
杏仁核是大腦的
「恐懼中心」嗎？

海盜小鬼殭屍，這是我新發明的藥丸，你買一顆吧！

該不會是朱古力做的吧？
怎麼會呢！

這可是一種神奇的藥丸，只要吃上這麼一小顆，就會變得無所畏懼，甚麼都不害怕，而且只要 10 元。

你不會是在騙我吧？
我這是有科學依據的。你知道人為甚麼會感到害怕嗎？

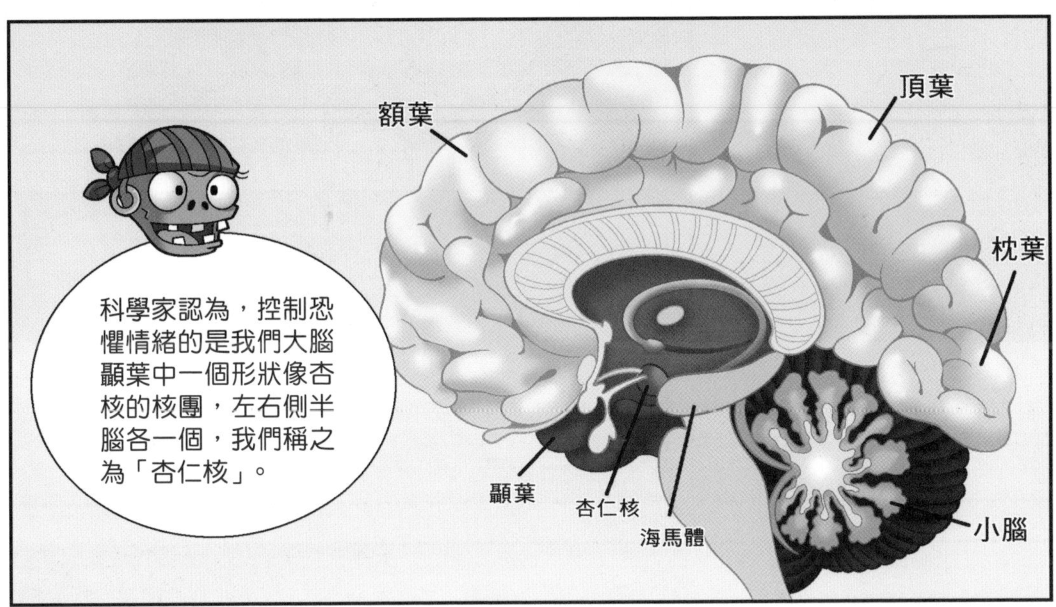
科學家認為，控制恐懼情緒的是我們大腦顳葉中一個形狀像杏核的核團，左右側半腦各一個，我們稱之為「杏仁核」。
額葉
頂葉
枕葉
顳葉
杏仁核
海馬體
小腦

「杏仁核」的發現純屬偶然。一次，兩位美國科學家在做實驗時，不小心切除了一隻獼猴的雙側顳葉，接下來發生的事情令他們目瞪口呆。

這隻獼猴變得無所畏懼，本來牠和人一樣，天性害怕毒蛇，但牠看見面前的毒蛇，不但絲毫不害怕，還抓起來往嘴裏送。

而且，牠看見陌生人後，
不再像從前那樣躲在角
落裏，而是像對待玩具
那樣又抓又摸。
牠會不會是
失明了？

剛開始科學家們也這樣
想，可後來他們對這隻獼
猴進行了測試，發現牠依
然能看清事物，
還能分辨出哪些
是熟悉的，哪些
是陌生的。
如果這樣的話，
不得不說牠的
膽子可真大！

後來科學家發現，
這隻獼猴只是不再
能感覺到危險了，
根本原因就在於科
學家切除了牠顳葉
中的「杏仁核」。
原來如此。

如果人大腦中的「杏仁
核」被切除或者發生了
病變，也會這樣嗎？
當然！我這個藥丸
就可以讓「杏仁核」
暫時停工，使人變
得勇敢。

聽起來好酷，那我就買一顆吧！
給你。

味道還不錯嘛！

半小時後
別怕，有我在！
救命啊！有毒蛇！

海盜小鬼殭屍，
你真勇敢！
哈哈！我吃了一顆藥丸，就變得膽大無比了。

真的？
那你敢看恐怖電影嗎？
當然！

為了防止海盜小鬼殭屍騙我們，你陪他一起去看吧！
好的。

電影院

你可不要捂着眼睛啊，我會監督你的。
放心！

「杏仁核」是我們大腦中一個十分重要的組織，它被認為是控制恐懼情緒的「操作間」。有學者認為，「杏仁核」是在動物漫長的進化過程中產生的，能意識到危險的存在，對動物的生存來説至關重要。也有研究表明，恐懼情緒並不僅僅產生於「杏仁核」，可能還有其他組織能夠按下恐懼情緒的「開關」。

# 為甚麼孕婦的免疫系統不排斥自己的寶寶？

免疫系統有甚麼用呢？
壓力大的工作會降低免疫系統的工作能力。

它就像一道屏障，可以及時識別和清除「異物」，防止病菌侵入，保護我們的健康。

我有個疑問，既然免疫系統會識別和清除「異物」，為甚麼它卻不排斥孕婦們腹中的寶寶呢？

的確，胎兒和胎盤均含有來自父親的遺傳物質，
對母體來說它們是「異物」。它們如何躲過孕婦免疫系統的攻擊，是科學家正在研究的課題。

有人認為胎盤就像一個天然的屏障，將胎兒保護了起來，使其不被母體的免疫系統「偵察」到。
甚麼是胎盤呢？

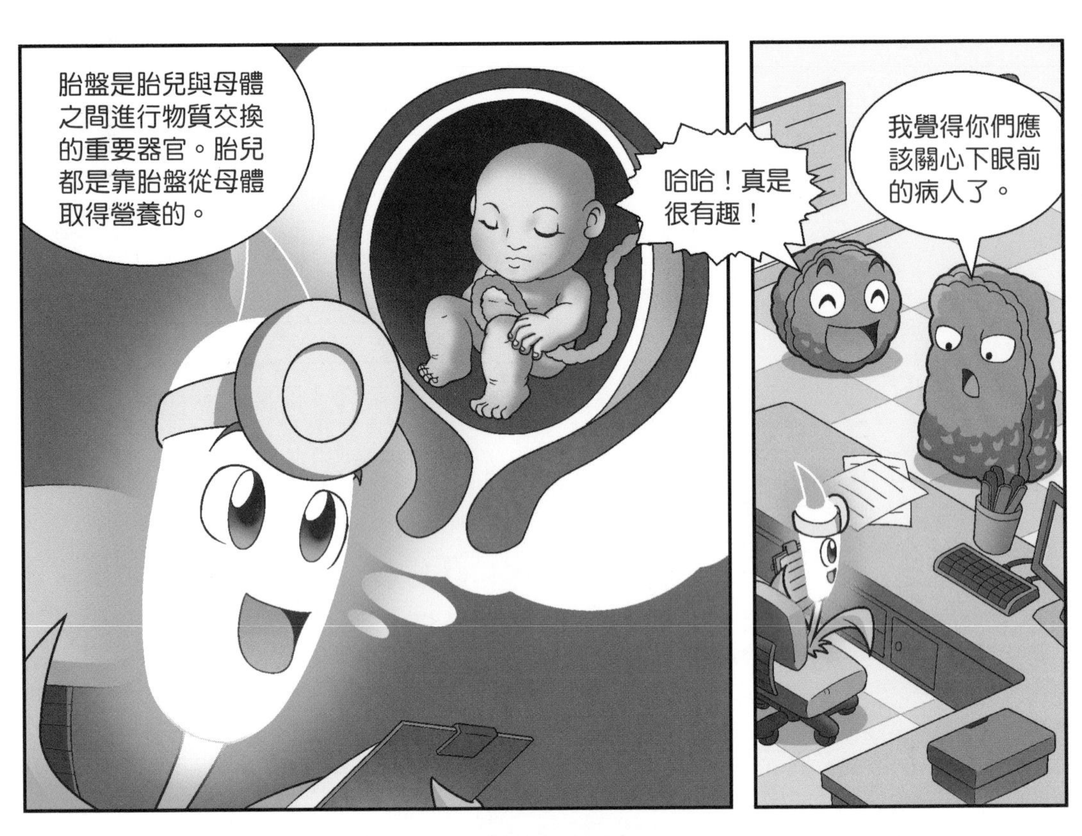
胎盤是胎兒與母體
之間進行物質交換
的重要器官。胎兒
都是靠胎盤從母體
取得營養的。
哈哈！真是
很有趣！
我覺得你們應
該關心下眼前
的病人了。

哥哥你這段時間
辛苦了，我會好
好照顧你的。
高堅果，你
最近在忙甚
麼呢？

我在創業。最近我開
了一家 300 平方米
的健身房和兩家 500
平方米的飯店……

堅果，你
也要向哥
哥學習！
太不容
易了！
好的！

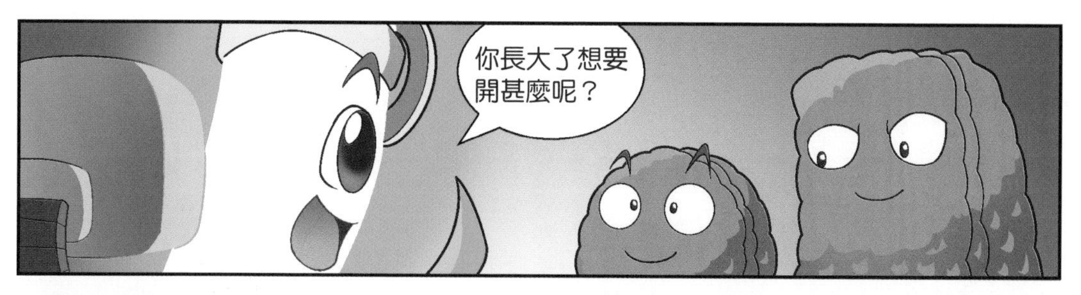

哥哥，醫生
不是讓你多
休息嗎？

不行！我可指
望不上你……

胚胎中含有來自父親的遺傳物質，卻能成功躲過像雷達一樣的免疫系統。關於這個問題，科學家提出了許多理論，如胎盤屏障說、母體子宮免疫特許說等。英國科學家還提出胎盤可以產生一種我們現在還不太了解的激素，這種激素可以使胎盤不被免疫系統發現。不過，這些觀點均受到了質疑，想要解開這個謎團還有待我們繼續努力。

人類可以
治癒癌症嗎？

向日葵，你休
息一會兒吧！

不行啊，我
的時間不多
了……

比舞大會
明天就要
舉行啦！
就剩一天的時
間，你也進步
不了多少。

臨陣磨槍，
不快也光。
好吧，不過
你要注意勞
逸結合呀！

3小時後

豌豆射手，我的
頭有點暈。
正常啊，我要是
像你這樣一直轉，
也會頭暈的。

不是，我好像
不行了……

救命啊！向日葵暈倒了！

醫生，向日葵她怎麼樣了？
還好吧，就是……

就是甚麼？該不會得了甚麼大病吧？

你們先等一下，我先把病歷寫好。

天哪！我居然得了癌症！
癌症

癌症是惡性腫瘤，很難治的。向日葵太可憐了……

醫生，癌症現在能治癒嗎？
癌症
儘管我們在對抗癌症方面取得了一些進展，但是治癒癌症仍然遙遙無期。

癌症不是一種單一的疾病，如果把癌症比喻成一個軍隊，癌細胞就是軍隊中的士兵，每一種都不一樣。

癌細胞其實是我們體內變壞了的細胞，治療癌症就要消滅癌細胞，這個過程必然會對患者造成極大的副作用。
啊！

在治療癌症的道路上還有一個攔路虎——耐藥性。一些癌細胞一旦適應了某種藥物，就會產生免疫體系，使這種藥物失效。

所以說我們想要徹底治癒癌症，依然任重而道遠。
是的。

嗚嗚！那我豈不是沒救了！
別難過，我會一直陪着你的。

?

據統計，全世界每年的死亡人數中有近六分之一的人死於癌症，它是當前死亡率最高的一種疾病，治癒癌症仍舊是當今醫學界的難題。這是因為人體是一個非常複雜的系統，遠遠超出了我們現有醫學水平的認識。目前癌症的主要治療方法有手術療法、化學療法、放射性療法、藥物靶向療法和免疫療法等。

# 人類的壽命會無限延長嗎？

船上禁止吃零食，你不知道嗎？
知道，但是我很不理解這個規定。

吃零食並不會影響我的戰鬥力呀！

那我就來給你講講原因吧。
好的。

儘管人類的平均壽命在過去幾年裏一直在延長，但是這種趨勢究竟能保持多久，我們並不知道。

科學家們最近發現，限制熱量攝入可以延長動物的壽命。

哪些食物的熱量比較高呢？
朱古力、奶油蛋糕、餅乾……這些食物的熱量都很高。

但是你剛才說了，這些都是對動物的研究結論，對我們未必有效啊！
你要相信未來的醫學技術！總之，未來活到 100 歲絕對是家常便飯。

嗯，有道理！
我這也是為了你們的身體健康着想。

快把零食交出來吧。
幹甚麼？

隨着醫學的日益進步，人類的壽命會無限延長嗎？這個問題，引來諸多爭論。有人認為，未來人類可以藉助基因技術和良好的膳食習慣，使壽命不斷延長，甚至可能沒有上限。但另一些科學家對此提出異議，認為醫學的進步並不能使百歲老人們在疾病、衰老面前勝算滿滿，人類的壽命存在一個天然極限，這個數值約為 120 歲。

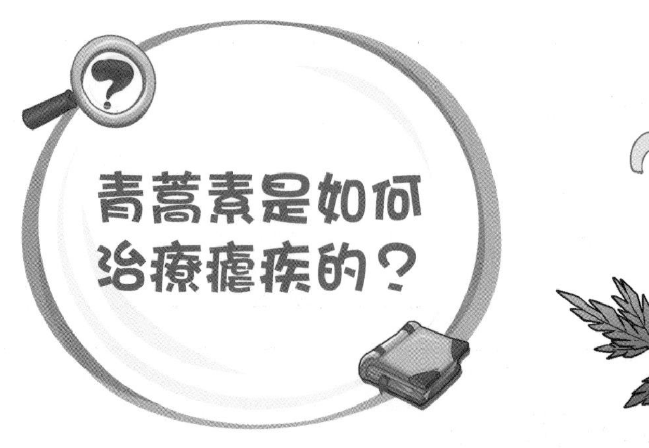
青蒿素是如何
治療瘧疾的？

向日葵家

好冷，好
疼啊！

向日葵，你蓋了
這麼多被子，怎
麼還發抖？
我也不
知道。

她是不是
感冒了？
我看不像。

你看她面色蒼白，手
腳冰涼，渾身起雞皮
疙瘩，還不停地喊
疼……普通感冒可不
會有這麼大的反應。

那我們趕緊送
她去醫院吧。
好。

向日葵得的
是瘧疾。
瘧疾？

瘧疾是一種傳染病。一般是通過蚊蟲叮咬或輸入感染瘧原蟲的血液傳播的。全世界每年有幾億人得這種病，在過去這曾是一種致命的疾病。

瘧疾發病分為四個時期：潛伏期、發冷期、發熱期、出汗期。向日葵現在處於發冷期。

那向日葵還有救嗎？
還好，你們送來的及時。

這個病該怎麼治呀？
可以用青蒿素製成的抗瘧藥物。

青蒿素是一種抗瘧
良藥，抑瘧效果顯
著，而且毒性低。

青蒿素還能殺滅其他種
類的寄生蟲。不過，它
是如何殺滅這些寄生蟲
的，一直未被徹底破解。

你們先去為向日葵辦
理住院手續吧，這是
繳費單。

甚麼？這
麼貴！

豌豆射手，還是你去付吧。
我也沒有錢……

你們抓緊時間，趕緊去辦理住院手續，向日葵現在很不舒服。

青蒿素？青蒿……我有辦法了！趕緊把向日葵推走！
甚麼辦法？你倒是先給我說一說呀！

你說的辦法就是採青蒿？
是呀，植物鎮有這麼多青蒿，何必去醫院裏花錢買青蒿素。

青蒿素是從青蒿中提取出的化學藥物成分，它可以用來治療瘧疾等疾病，挽救了世界上數百萬人的生命。其發現者屠呦呦也因此獲得 2015 年諾貝爾生理學或醫學獎，並入圍 BBC「20 世紀最偉大科學家」。不過，青蒿素抑瘧的生物作用機制未被完全破解，目前的假說均未得到廣泛認可。

瘋牛病到底是
怎麼回事？

又吃蘿蔔呀！

路障殭屍，今天我們吃頓好的吧。
好啊！但是我沒有錢。

沒關係，我有
錢！我這就去
買牛肉。
沒想到你這
麼大方。

嘿嘿，其實這些
錢是鐵桶殭屍存
在我這裏的。

半小時後

咦，普通殭屍去哪裏了？
他去買牛肉了。

胡鬧！現在瘋牛病鬧得這麼厲害，還去買牛肉！
瘋牛病是甚麼病啊？

瘋牛病是一種朊病毒疾病。一旦牛得了這種病，會變得走路不穩，身體暴瘦，煩躁不安，最後抽搐而死。

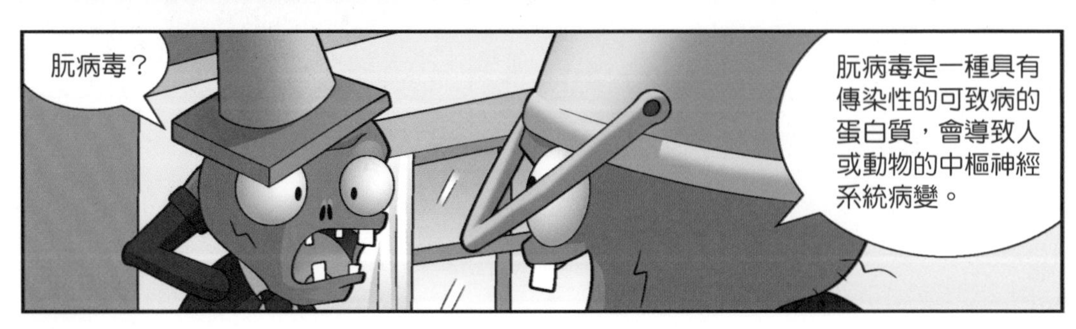
朊病毒？
朊病毒是一種具有傳染性的可致病的蛋白質，會導致人或動物的中樞神經系統病變。

甚麼？人類
也有可能會
被傳染？
放心，只是有
可能，被傳染
的概率很小。

這種病到底
是從哪裏來
的呀？
瘋牛病的起源至今是
個謎，有科學家認為
可能是牛接觸了患有
羊瘙癢症的羊，染上
了朊病毒。
羊瘙癢症的症狀
和瘋牛病相似，
早在 1732 年就
被發現了。

而且，有一段時間，人類為
了讓牛多產奶，就讓牛吃大
量的牛羊肉骨粉，這些牛羊
肉骨粉中可能含有朊病毒。

原來是這樣啊！怪
不得你不讓普通殭
屍買牛肉呢！
是呀！

你好！

路障殭屍，
是我呀！

你的牛肉買
好了嗎？

買好了，我馬
上就到家了。

那你就快
回來吧！
好的。對了，
我們今天不用
自己絞肉了。

1985 年，英國發現了世界上第一例瘋牛病，此後這種疾病在全世界引發了極大的恐慌。目前，科學家已知瘋牛病是朊病毒引起的，除了對牛有影響，還會導致羊、鹿等動物感染類似的疾病，甚至對人類也有危害。但是，由於瘋牛病的最早來源和傳播途徑目前仍不確定，至今也無有效的治療方法。

# 人類能否研製出有效的愛滋病疫苗？

我們要發
財了！

還等甚麼呢？
我們去實驗室
研究吧！

3 天後
船長，您怎
麼來了？
我來視察一
下大家的研
究情況。

您為甚麼這麼重視愛滋病的疫苗呢，還撥了巨款。
愛滋病是一種危害性很大的傳染病，它會使人體免疫系統喪失免疫功能，從而引發一系列疾病，死亡率很高。

雖然全世界很多醫學研究人員都在研究愛滋病疫苗，但至今沒有研製出有效的疫苗。

船長放心，我們一定會克服難關的。

我相信你們！就連平時最搗蛋的海盜小鬼殭屍都這麼努力。
是呀，他都三天沒有回家休息了。

？

醫學界目前還沒有研製出有效的愛滋病疫苗，一方面是因為愛滋病病毒的類型較多，且極易發生變異，研究疫苗的速度遠遠達不到愛滋病病毒變異的速度。另一方面，不像其他的病毒疫苗那樣，愛滋病疫苗不能直接使用活病毒作為疫苗成分。總之，研製出有效的愛滋病疫苗還有很長的路要走。

# 「學者綜合症」是怎麼回事？

自從變身茄子的頭被足球擊中之後，他就有點反常了。

最近他還做了很多奇怪的事情。
甚麼事？

這兩天變身茄子的房間裏總是傳出非常好聽的音樂。
那很正常，有可能他正在欣賞音樂。

昨晚，我還從窗外
偷看他彈琴時的表
情，超級沉醉！

真的嗎？之前
沒聽說變身茄
子會彈琴哪！
我也覺得
很奇怪。

他該不會是得
了「學者綜合
症」吧。
怎麼可能？

患有「學者綜合症」的
人，通常是在某一方面
有超乎常人的能力，比
如繪畫天賦、音樂天賦
或者極強的數學能力！

不過他們同時具有
認知障礙，其中有
一半的人患有自閉
症，一半的人智力
上有缺陷。

我也看過一則新聞，有個人腦後挨了一棍，醒來後變成了數學達人。醫學掃描結果顯示，他的左腦非常活躍，可能那一棍改變了他的腦部結構，使他成為數學天才。

這也太神奇了吧！

說不定變身茄子也因為足球的那一擊，變成了音樂天才！
聽你這麼一說，我倒是很想去聽他彈鋼琴。

你聽，我沒騙人吧？
真好聽啊！
好羨慕呀，真是一個音樂天才！

學者綜合症患者通常在認知上有障礙，但在音樂、美術、數學等方面卻超乎常人，其中大部分人是自閉症患者和大腦損傷患者。學者綜合症的病因至今不明，有學者推測，患有學者綜合症的人可能是負責處理社交的左半腦發生了損傷，反而促使負責處理資訊的右半腦異常發達，所以在藝術、數學等方面的能力異常突出。

人為甚麼會
患自閉症？

嘩
嘩
嘩

堅果，快過
來洗碗！

你已經三天沒出門了，也不說一句話，想逃避幹活也不用這樣啊！
低頭中

我白天上班，晚上還要做家務，你就不能幫我分擔一些嗎？
仍然低頭中

難道是落枕了？
……

這孩子平時不是這樣啊，該不會生病了吧！

堅果，堅果……

醫生，我家堅果怎麼樣了？

堅果的情況不太好，他好像得了自閉症。
甚麼？

從外表看患有自閉症的孩子和別的小孩沒有甚麼不同，但是他們在語言、社交、行為等方面卻表現出極大的困難。
他怎麼會得這種病呢？

現在的醫學水平還無法解答這個問題，自閉症的致病機制很複雜。

有學者認為，自閉症可能是由遺傳、基因、環境、社會等多種原因造成的。

一旦得了這種病很難逆轉，你要做好心理準備呀！
醫生，我就這一個弟弟，您一定要幫我想想辦法。

我也無能為力，這個病目前還沒有很好的治療方法，不過……

不過甚麼？
不過你可以帶堅果參加一些自閉症的特殊教育和訓練課程，努力一下。

我可憐的弟弟……

堅果，你快好起來吧！哥哥不能沒有你！

沒想到你和堅果的感情這麼深，真是感人。

目前的醫學尚未完全了解自閉症病因，也沒有有效的治療方法。這種病症多發生在 3 歲以前的兒童身上，也有少數發生在 3 歲以後，兒童一旦得了這種病，很難治癒。從 2008 年起，聯合國將每年的 4 月 2 日定為「世界自閉症關注日」，旨在提醒社會關注自閉症兒童。

無痛症
為甚麼可怕？

哇
哇
哇

堅果，你怎麼哭了？

我練習跳高的時候，不小心把腰扭傷了。
我來幫你貼一帖膏藥吧。

輕點，疼
死我啦！
別吵！忍一
下就好了。

要是我沒
有痛覺就
好了。
你確定真
想這樣？

世界上有一種病叫
無痛症，得這種病
的人天生感覺不到
任何疼痛。
真的嗎？他們
為甚麼感覺不
到疼痛啊？

「無痛症」的發病機制尚不
清楚。有學者認為是患者體
內的內啡肽、腦啡肽等物質
過多導致的。內啡肽和腦啡
肽都具有強烈的鎮痛作用，
從而影響了高級中樞系統對
疼痛的感知。

這樣的人在生活中就不會有痛苦了。
恰恰相反。

無痛症患者因為無法感覺到疼痛，就無法感知危險，也就不能及時躲避危險。有的無痛症患者還會自殘，但他們卻毫無意識。
啊，這麼可怕！

比如說，他們在野外烤火取暖，如果火星濺到他們的身上，他們也感覺不到疼痛，就可能釀成大禍。
我明白了。

目前無痛症還無法根治，所以只能採取保護性措施，防止受傷。

無痛症又被稱為「先天性無痛症」，是一種非常罕見的疾病，它的發病機制目前仍是個謎。無痛症患者在任何情況下，都無法感覺到疼痛，通常還伴有無汗症狀。由於沒有痛覺，患者很難規避危險，還會出現自殘行為。目前沒有有效的治療方法，無痛症只能通過對患者的心理輔導和保護措施來避免危險。

水也會讓人
過敏嗎？

游泳館

蛙泳人人都會，
看我的仰泳！
看我的
蛙泳！

不行了！沒
想到蛙泳這
麼累！
還不是因為
你的手短？

咦，堅果去
哪裏了？
對呀，他和我們一
起來的，怎麼沒在
泳池裏看見他？

堅果在那
兒呢！
堅果怎麼在救援亭
裏躺着，莫非……

堅果，你
怎麼躺在
這裏呀？
我剛才游得
太快，想休
息休息。

堅果，你怎麼面
色發紅啊，是不
是不舒服？
是嗎？也許
是我剛才潛
泳，憋的。
潛泳？

10 分鐘後
哎喲，我好
難受啊……

你是不是出門
之前吃壞肚子
了呀？
我下午甚
麼東西都
沒有吃。

堅果不會是得了
水過敏症吧？剛
才我就發現他臉
色不對。
水能使人
過敏？

是呀，有的人天生對水
過敏，一遇到水就會起
非常嚴重的皮疹。他們
不能洗澡、游泳、淋雨，
甚至連流淚、出汗都會
引發病症。

所以水過敏症
患者要避免接
觸水源。
那麼他們可
以喝水嗎？

很奇怪，大部
分的病人可以
正常喝水。

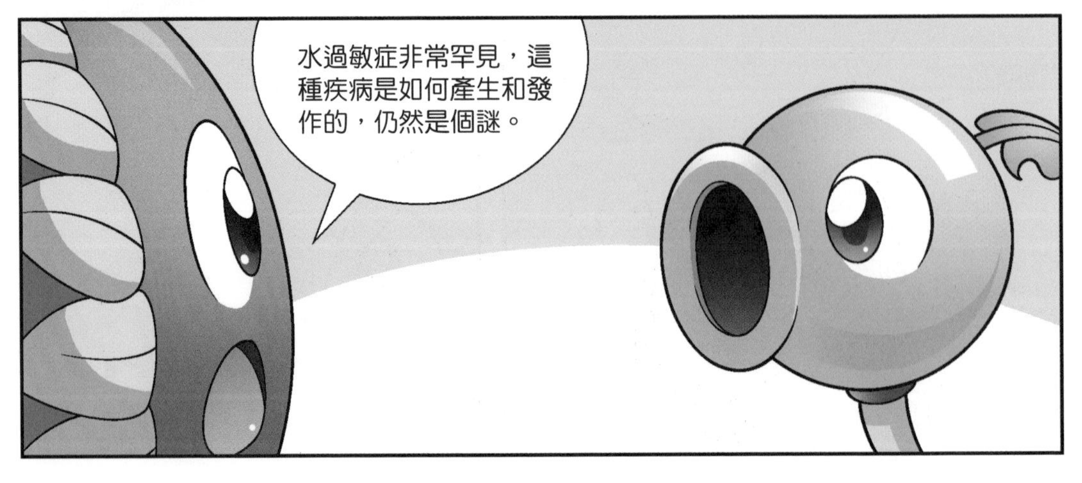
水過敏症非常罕見，這
種疾病是如何產生和發
作的，仍然是個謎。

水過敏症又被稱為「水源性蕁麻疹」，是一種罕見的疾病，常見於成年女性。患者的皮膚表面不可以直接接觸水，否則身上就會出現大片紅色皮疹，並伴有紅腫、發癢、疼痛等症狀。但它的病因至今不明。有學者認為水過敏症可能是由於過敏患者對水中的某些離子極端過敏造成的。

# 醫學研究中的謎團

## 人類基因組中的「垃圾 DNA」有甚麼用

帶有遺傳信息的 DNA 片段被稱為基因，它決定了生命的孕育、生長、繁衍和死亡。過去，我們一直認為人體中的基因大部分都是能夠編碼的 DNA，即有用的 DNA，但是隨着對基因的研究不斷深入，科學家們發現我們體內能夠編碼的 DNA 只佔全部基因的一小部分，約有 95%的 DNA 沒有任何功能，科學家稱它們為「垃圾 DNA」。這個發現似乎和我們熟知的優勝劣汰的進化規律不符，從人體看，我們身體的每個部分、每個器官都是有用的。那麼沒有用處的「垃圾 DNA」為甚麼沒有被淘汰呢？

最近，科學家發現，「垃圾 DNA」並不是真正的垃圾，「垃圾 DNA」沒有隨着人類漫長的進化而消失，表明它們具有獨特的價值。人體內 99%的具有編碼功能的 DNA 都是相似的，但是「垃圾 DNA」之間卻表現出明顯的差異，這或許能夠解釋為甚麼編碼組基因大體相似，但我們每個人卻各不相同，顯然是這些「垃圾 DNA」在起作用。科學家

還發現，生物進化得愈複雜、愈高級，其體內攜帶的「垃圾DNA」就愈多，而人類能夠進化得如此成功，可能正是由於這些「垃圾 DNA」的幫助。但科學家們對「垃圾 DNA」的來源，以及「垃圾 DNA」在人體內究竟扮演了甚麼角色，仍舊不清楚。相信在不久的將來，人類就可以勘破這些神奇 DNA的祕密，為生命科學研究做出貢獻。

## ？人體的器官為甚麼不是對稱的

人類的外表幾乎都是對稱生長的，可是內臟卻是不對稱的，比如心臟就沒有長在人體的正中間，而是長在偏左的位置，這是為甚麼呢？

研究人員發現，人類的器官在胚胎時期還是對稱的，但是等到胚胎發育 6 週時，器官開始出現不對稱的跡象。最先出現不對稱的器官是心臟，它向左彎曲成環狀，之後逐漸在兩側長出心房、心室等結構。與此同時，其他器官也開始移動，胃和肝臟分別沿順時針方向從胚胎中線的位置移動至靠右的位置。最不對稱的器官是肺，右肺長出上、中、下 3 片肺葉，左肺卻只有上、下 2 片肺葉。科學家稱，雖然 6 週之前我們的內臟器官看上去完美對稱，但從一開始胚胎向兩側產生的蛋白質就不同，這決定了器官最終會朝着不對稱的方向發展。

通過研究，科學家們發現了造成不對稱的關鍵 —— 在胚胎中軸線上有一個叫作「節點」的小凹陷，裏面生長着無數根細小絨毛，被稱為「纖毛」。纖毛以每秒 10 次的速率像攪拌機那樣不斷地旋轉，推壓胚胎內的液體，使它們朝同一方向流動，從而導致我們的身體器官呈不對稱生長。一旦胚胎內的液體流動起來，只需 3 至 4 個小時就可以完成胚胎內的器官是向左還是向右的劃分。但是為甚麼會發生這一切，至今還沒有很好的解釋。

## ? 為甚麼有的人胖有的人瘦

肥胖是由於體內累積了過多脂肪，它是影響現代人健康的一個重要因素。有研究表明，肥胖是多種疾病的導火線，如高血壓、高血脂、冠心病等。

但是目前，我們對肥胖發生的原因還不完全清楚。有人認為，肥胖是進化的結果。我們知道，脂肪是用來儲存能量的，在寒冷的季節，人體需要足夠的脂肪來抵禦飢餓和寒冷，這也是為甚麼愈靠近極地地區，肥胖的人愈多的原因。不過，這種假說並未得到普遍認同。

有人認為，肥胖是由遺傳因素與環境因素共同作用導致的。有研究顯示，若父母雙方都肥胖，那麼子女肥胖的概率很大，若父母體重

正常，子女肥胖的概率比較小。肥胖還與我們的飲食習慣有關，長期食用高熱量的食物、暴飲暴食都容易導致肥胖。此外，也有人認為肥胖還和環境內分泌干擾物有關，它們是指人類生產並釋放到環境中的化學物質，如殺蟲劑、重金屬、有機磷等，這些物質會影響人體激素調節和新陳代謝。關於肥胖，還有許多未解之謎需要解開。

## ? 漸凍症是甚麼原因導致的

霍金是現代最偉大的物理學家之一，他對於宇宙和黑洞的研究曾經轟動世界。然而，這位偉大的科學家，卻在大學時得了一場怪病。他先是感覺走路不穩，時不時就跌倒，後來連說話都有些不清楚，再後來這樣的情況愈演愈烈。他去尋求醫生的幫助，醫生說他得了肌萎縮性側索硬化症，這種病更廣為人知的名字是「漸凍症」。

漸凍症也叫運動神經元病，它會影響大腦和脊髓中與運動相關的神經細胞，造成運動神經元死亡，令大腦無法控制肌肉運動，肌肉也會因為缺乏運動而逐漸萎縮。得了這種病的人，會逐漸失去行走能力、抓握能力，甚至語言能力，就像是被冰凍住了一樣。在霍金生命的後期，他只能通過三根不靈活的手指和兩隻眼睛來控制電腦發出聲音。

令人遺憾的是，直至目前，漸凍症病因仍是未解之謎。有 20% 的病例顯示其與遺傳或基因缺陷有關，除此之外，環境因素，如重金屬中毒等也有可能誘發漸凍症。近年來，科學家發現了許多和漸凍症有關的基因，這或許為打敗漸凍症點亮了微弱的希望之光。

## ? 近視能治好嗎

近視是一種常見的眼部疾病，關於近視的發病機制有許多假說和推理，大部分學者認為近視可能與遺傳、地域、戶外活動、用眼習慣等因素有關，但它確切的發病機制尚無定論。目前中國的近視患者約有 6 億，而中小學生預估超過 1 億，不利於青少年的健康發展。

那麼近視能治癒嗎？答案是，以目前的醫學技術，近視尚不能治癒。不過儘管近視不能治癒，但是我們可以預防和控制。

要想預防和控制，首先要了解那些可能會導致近視的因素。首先是遺傳因素，國內外研究顯示，父母雙方或者一方患有近視，他們的孩子患近視的可能性更大。不過愈來愈多的研究證實，對於青少年來說，環境因素的作用比遺傳因素更為顯著。比如戶外活動時間，有研究表明，戶外活動時間愈長，青少年近視的發病率愈低。這是因為，陽光的照射可以刺激眼內多巴胺的分泌，能抑制眼軸的增長。眼軸是從眼球接收光線的最表層到感受光線的最裏層的距離。我們在出生時，眼軸平均長約 16 毫米，標準的眼軸長為 24 毫米，一般 20 歲以後停止增長。如果近視，眼軸長會大於 24 毫米，並且隨着度數增加而不斷增長。有數據顯示，每增加 1 小時戶外活動時間，近視的發生概率就會下降 2%。另外，養成良好的用眼習慣，也是預防近視的重要一環。長時間近距離使用手機、電腦等電子產品，在昏暗或者動盪的環境下持續閱讀都會增加近視的患病率。不過，影響青少年近視發生的因素錯綜複雜，很多方面都需要進一步研究。

## ? 華佗發明的「麻沸散」到底是甚麼

華佗是中國東漢末年著名的神醫，他擅長外科手術，有「外科聖手」之稱。華佗在為病人做手術時，深感病人的痛苦，於是他想要是能發明一種藥，使病人感覺不到做手術時的疼痛就好了，這樣不僅能減少病人的痛苦，還能減少做手術時的干擾。於是他四處走訪各地名醫，收集藥方和草藥，發明了一種叫「麻沸散」的藥劑。據說，病人服用這種藥後，能使他們全身麻醉，是麻醉學史上一件開天闢地的大事。

據說，華佗在為曹操醫治頭痛病時，曾建議曹操服用麻沸散，然後他再切開曹操的頭顱進行醫治。但是曹操是一個疑心很重的人，他總是懷疑別人會害他，不但拒絕了華佗，還將他打入死牢。公元 208 年，華佗被曹操殺害，在他臨死前，將自己嘔心瀝血寫成的醫書《青囊經》燒毀，麻沸散也隨之失傳了。

華佗去世後，麻沸散的成分成謎。有人認為，麻沸散是由曼陀羅花、生草烏、香白芷、當歸、川芎、天南星六味藥製成的；也有人認為它是由羊躑躅、茉莉花根、當歸、菖蒲四味藥製成的；還有人認為這些都不是華佗的原始處方。此外，有人推測，麻沸散也有可能根本不存在。

□ 責任編輯：華 田
□ 裝幀設計：龐雅美 鄧佩儀
□ 排 版：楊舜君
□ 印 務：劉漢舉

# 植物大戰殭屍 2 之未解之謎漫畫 07
## ——醫學未解之謎

□
編繪
笑江南

□
出版
中華教育
香港北角英皇道 499 號北角工業大廈一樓 B
電話：(852) 2137 2338 傳真：(852) 2713 8202
電子郵件：info@chunghwabook.com.hk
網址：http://www.chunghwabook.com.hk

□
發行
香港聯合書刊物流有限公司
香港新界荃灣德士古道 220-248 號
荃灣工業中心 16 樓
電話：(852) 2150 2100 傳真：(852) 2407 3062
電子郵件：info@suplogistics.com.hk

□
印刷
寶華數碼印刷有限公司
香港柴灣吉勝街 45 號勝景工業大廈 4 樓 A 室

□
版次
2023 年 7 月第 1 版第 1 次印刷


□
規格
16 開（230 mm × 170 mm）

□
ISBN：978-988-8860-09-8

植物大戰殭屍 2 · 未解之謎漫畫系列